Martin Steger

Tourismus im Sinai

GRIN Verlag

Bibliografische Information der Deutschen Nationalbibliothek:

Die Deutsche Bibliothek verzeichnet diese Publikation in der Deutschen National-
bibliografie; detaillierte bibliografische Daten sind im Internet über http://dnb.d-
nb.de/ abrufbar.

Impressum:

Copyright © 2010 GRIN Verlag GmbH
Druck und Bindung: Books on Demand GmbH, Norderstedt Germany
ISBN: 978-3-656-27192-5

Dieses Buch bei GRIN:

http://www.grin.com/de/e-book/201155/tourismus-im-sinai

Ludwig–Maximilians–Universität München

Department für Geographie

SS 2010

Große Exkursion Ägypten/Sinai

„Tourismus im Sinai"

Martin Steger

Englisch / Erdkunde La Gym.

Inhalt

1. Touristische Entwicklung in Ägypten

Ägypten zählt mit seiner 5000 Jahre alten Hochkultur und seinem orientalischen Flair schon sehr früh zu einem der begehrtesten Fremdenverkehrsgebiete der Welt. (Meyer, 1996, 582) Besonders für Europäer war es im 19. Jahrhundert die erste Reisedestination außerhalb des eigenen Kontinents. Dieses Interesse wurde durch die napoleonische Ägypten - Expedition von 1798 bis 1801 geweckt. Besonders die Tatsache, dass Napoleon von einer Gruppe von Wissenschaftlern verschiedener Fachrichtungen begleitet wurde, welche ihre Entdeckungen und Beobachtungen in dem Werk *Description de l´Egypte* niederschrieben und dieses mit, gerade erst erfundenen Photographien, ausstatteten, erregte in Europa aufsehen und weckte Interesse an Kultur, Land und Wüste. (Ibrahim, 1996, 131 - 132) Besonders die europäische Oberschicht war vom „Land der Pyramiden und Pharaonen" (Meyer, 1996, 582) angetan und kam zu individuellen Bildungsreisen nach Ägypten. Erst der Erste Weltkrieg konnte die stetig wachsenden Besucherzahlen bremsen.

In der Mitte des 19. Jahrhunderts wurden etwa 20.000 Touristen erfasst und kurz vor dem Ausbruch des Krieges 1914 waren es bereits etwa 50.000, welche meist für ein paar Wochen oder gar Monate blieben. Dies war eine Steigerung um 150% über einen Zeitraum von etwa 60 Jahren (Ibrahim, 1996, 132). Obwohl sich die schlechte Lage nach dem Krieg mit der Entdeckung des Grabes von Tut-ench-Amun durch den britischen Archäologen und Ägyptologen Howard Carter im Jahre 1922 wieder verbesserte, war dieser Aufwärtstrend nicht anhaltend. 1929 ließ zunächst die Weltwirtschaftskrise die Besucherzahlen erneut sinken, um wenig später vom Zweiten Weltkrieg und den anschließenden Kämpfen zwischen dem neu gegründetem Staat Israel und Ägypten, Saudi-Arabien, Jordanien, Libanon, Irak und Syrien noch weiter gedrückt zu werden. (Meyer, 1996, 582) Doch schon wenige Jahre nach Beilegung des Konflikts, etwa ab 1952, kamen die Touristen zurück wie man in Abbildung 1 sehen kann.

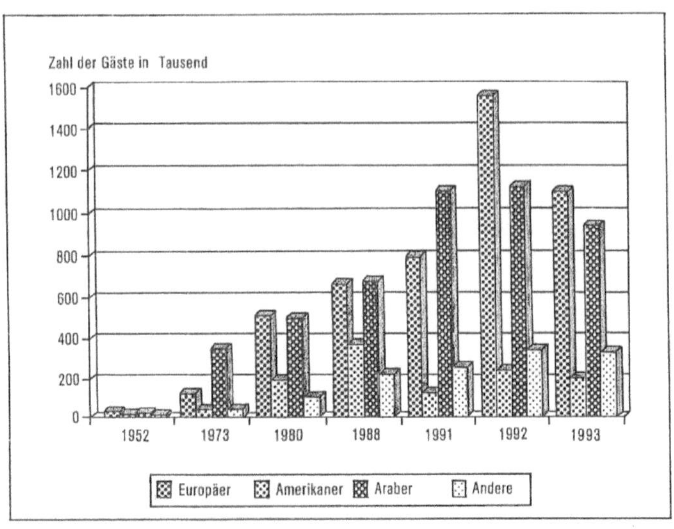

Abbildung 1 Die Fluktuation der Anteile der Hauptgruppen der Ausländergäste in Ägypten 1952 – 1993

(Ibrahim, 1996, 132)

Ebenso wie die totale Entwicklung der Touristenzahlen errechnet werden kann, zeigt die Tabelle die Nationalitäten der Besucher. Hierbei ist zu erkennen, dass bis Anfang der 1990er Jahre die Besucher aus dem arabischen Raum die Mehrheit der Reisenden bildeten, welche dann aber von den Europäern abgelöst wurden. Waren es 1952 noch überwiegend Europäer und Amerikaner, mit 35,5% und 23,7% Anteil an der Gesamtzahl der Reisenden, im Gegensatz zu 27,6% Arabern, änderte sich dies bis 1973 deutlich. Die Auswirkungen der Suez-Krise 1956 und des Sechs-Tage-Krieges, vom 5. Juni bis zum 10. Juni 1967, ließen den Zuwachs der westlichen Touristen deutlich stagnieren, den der arabischen Länder in Folge des Erdölbooms, durch Urlaubsreisende jedoch drastisch ansteigen. So waren 1973 lediglich noch 22% der Besucher, also 119.000 Gäste, aus Europa und 7,7%, also 41.000 Gäste, aus Amerika. Dagegen stand eine Besucherquote von 62,2%, das heißt 333.000 Gäste, aus arabischen

Ländern. (Ibrahim, 1996, 132 – 133) Nach dem Friedensvertrag zwischen Ägypten und Israel von 1979 verdoppelte sich die Zahl der Besucher aus den westlichen Ländern.

Diese Entwicklung sollte sich auch in den darauf folgenden Jahren weiter fortsetzen, obwohl ein wirklicher Tourismusboom allerdings erst 1982 mit der Rückübertragung des Sinai einsetzte. (Steiner, 2004, 369) Diese Region in Osten Ägyptens trug durch die Niederlage im Sechs-Tage-Krieg von 1967 und der daraus resultierenden Besetzung durch Israel zunächst nicht zum Tourismus in Ägypten bei. Allerdings wurde durch eben diese Besatzung die touristische Entwicklung der Sinai-Halbinsel maßgeblich beeinflusst. (Meyer, 1996, 582)

2. Geschichte des Tourismus im Sinai

Durch die Entwicklung während der Besatzungszeit unterscheidet sich der heutige Fremdenverkehr im Sinai sehr stark vom restlichen Tourismus in Ägypten, beispielsweise dem Mittelmeertourismus oder dem Kulturtourismus im Niltal. Im Besonderen geschieht dies in der Herkunft der Gäste, der saisonalen Ausprägung und Entwicklungsgeschichte. Der israelisch-ägyptische Konflikt stellt ein Kernthema der Entwicklung der Region dar, da hierbei der Grundstein für die touristische Erschließung der Sinai-Halbinsel gelegt wurde.

2.1. Tourismus während der Besatzungszeit von 1967 bis 1982

Mit der Besatzung 1967 begann im Sinai der Ausbau von militärischen Einrichtungen und der Infrastruktur. Im Jahre 1972 wurde durch den Bau der Küstenstraße von Eilat, das nur wenige Kilometer westlich von Aqaba an der südlichsten Spitze des heutigen Israel liegt, nach Sharm el-Sheik zum Militärstützpunkt Ophira, die Voraussetzung für die Erschließung des Gebiets gegeben. Abbildung 2 zeigt diese etwa 250 Kilometer lange Straße entlang der Ostküste des Sinai.

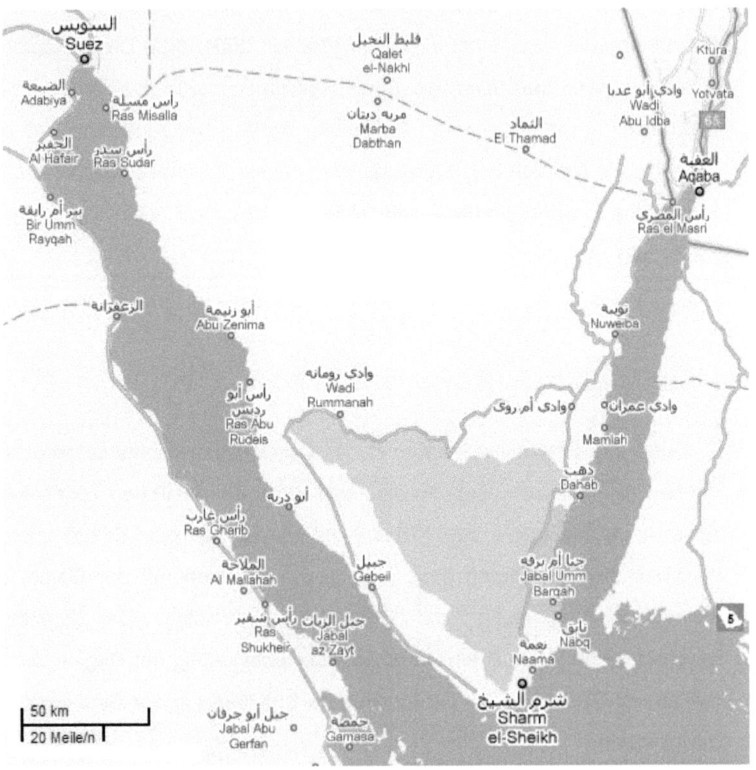

Abbildung 2 Küstenstraße an der Ostküste des Sinai

(www.googlemaps.com, letzter Zugriff am 14.07.2010)

Entlang der Küstenstraße wurden dann, bei Nuweiba und Dahab, bei den beiden *Moshavim*, den landwirtschaftlichen Genossenschaftssiedlungen, sowie dem Katharinen - Kloster, Hotels errichtet. Diese wurden hauptsächlich während der israelischen Feiertage von jüdischen Besuchern frequentiert. Aber auch deutsche und amerikanische Sporttaucher nutzten die Hotels um die Korallenriffe entlang der Küste des Golfes von Aquaba zu erkunden. (Meyer, 1996, 585) Desweiteren entwickelte sich in Dahab und Nuweiba ein „internationales Zentrum des Rucksacktourismus mit aktiver Beteiligung der Mzeine - Beduinen" (Meyer, 1996, 585). Besonders beliebt waren die, für den relativ freien Konsum von Drogen bekannten, Beduinen–Camps bei jungen westlichen Israelreisenden, welche ihre Israelreise mit einem Besuch des Sinai verknüpften. (Sarnowski, 2004, 378) Die Beteiligung der Beduinen bestand darin, dass sie auf ihrem Land in Strandnähe Zelte aufstellten und die Rucksacktouristen darin gegen eine geringe Gebühr nächtigen ließen. Wirklicher Massentourismus kam im Sinai allerdings erst nach 1982 unter ägyptischer Herrschaft auf.

2.2. Entwicklung nach der Rückübertragung von 1982 bis zur Jahrtausendwende

Mit dem Schließen des Friedenvertrages von 1979 und dem darin vereinbarten Truppenabzug aus dem Sinai bis 1982, setzte auch die wirtschaftliche Inwertsetzung des Sinai für den ägyptischen Staat ein. Das erklärte Ziel der Regierung war es, „das wüstenhafte Gebiet für den Massentourismus auszubauen und dadurch neu Arbeitsplätze für die Bevölkerung [...] zu schaffen." (Meyer, 1996, 586) Zu Beginn wurden staatliche Großhotels errichtet, welche unter dem Management von internationalen Hotelketten, wie *Hilton Hotels*, *Swiss Inn* oder *Starwood Hotels*, geleitet wurden. (Meyer, 1996, 586) Das Investitionsgesetz von 1989 und 1997, sowie das Devisenhandelsgesetz von 1994 öffneten zudem den Markt für internationale Investoren und bildeten den rechtlichen Rahmen für Tourismuswirtschaft aus privater Hand. (Steiner, 2004, 370) So konnte man 1995 in Sharmel-Sheik bereits auf circa 6.000 und 2003 gar schon auf knapp 47.000 Gästebetten zurückgreifen wie in Abbildung 3 gesehen werden kann. Hinzu kommen noch die weitere Touristenstationen in Dahab, Nuweiba,

Santa Katrin und in Taba, wobei letzteres, nur auf eine kürzere Entwicklung unter ägyptischer Herrschaft zurückblicken kann, da um diesen, an der Grenze zu Israel liegende Ort bis zum Schiedsgerichtsurteil 1989 gestritten wurde.

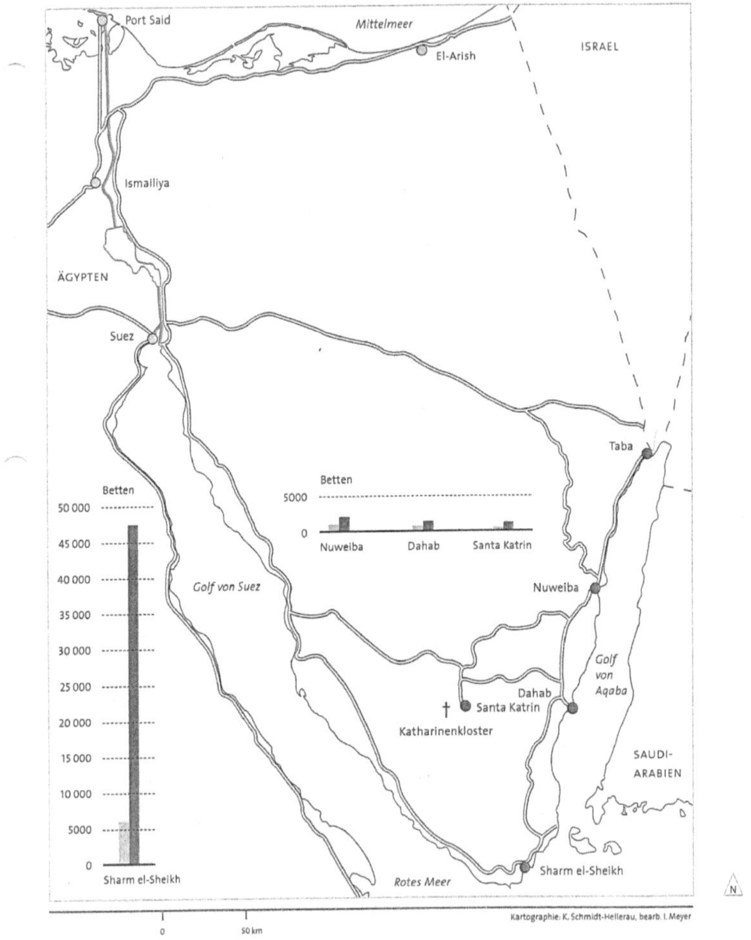

Abbildung 3 Tourismuszentren im Südsinai und Entwicklung der Bettenkapazitäten in 3 bis 5-Sternehotels 1995 – 2003

(Sarnowski, 2004, 377)

2.3. Aktuelle Situation im Südsinai

Heute ist der Sinai, hauptsächlich der Süden, das beliebteste Reiseziel in Ägypten und zog im Jahr 2000 etwa 2,6 Millionen Touristen, von insgesamt rund fünf Millionen Ägyptenreisenden aus verschiedenen Herkunftsländern an.

Landeten 1990 noch 60.000 Besucher am Flughafen von Sharm el Sheik, waren es 2000 bereits 1,7 Millionen, wobei zusätzlich rund 900.000 Touristen bei Eilat die Grenze überschritten. Diese 2,6 Millionen Besucher stellten rund 50% der touristischen Gesamtbesucherzahl des Landes. Damit wurden in der Urlaubssaison 1999/2000 im Sinai beinahe 10% der Deviseneinnahmen Ägyptens erwirtschaftet und ebenfalls rund 10% des Bruttoinlandproduktes. (Steiner, 2004, 370)

Das Bundesamt für Statistik meldete für gesamt Ägypten im Wirtschaftsjahr 2009 Deviseneinkünfte von etwa 10,76 Milliarden US Dollar aus dem Tourismus. (Augustin, 2010, Auswärtiges Amt) Nimmt man also an, dass auch heute noch rund 50% dieser Deviseneinnahmen aus dem Tourismus im Sinai stammen, wurden 2009 circa 5,4 Milliarden US Dollar erwirtschaftet. Dies geschah, obwohl die Bettenkapazitäten des Sinai im Vergleich zum übrigen Ägypten, besonders im Niltal, um ein Vielfaches geringer sind, wie in Abbildung 4 gesehen werden kann.

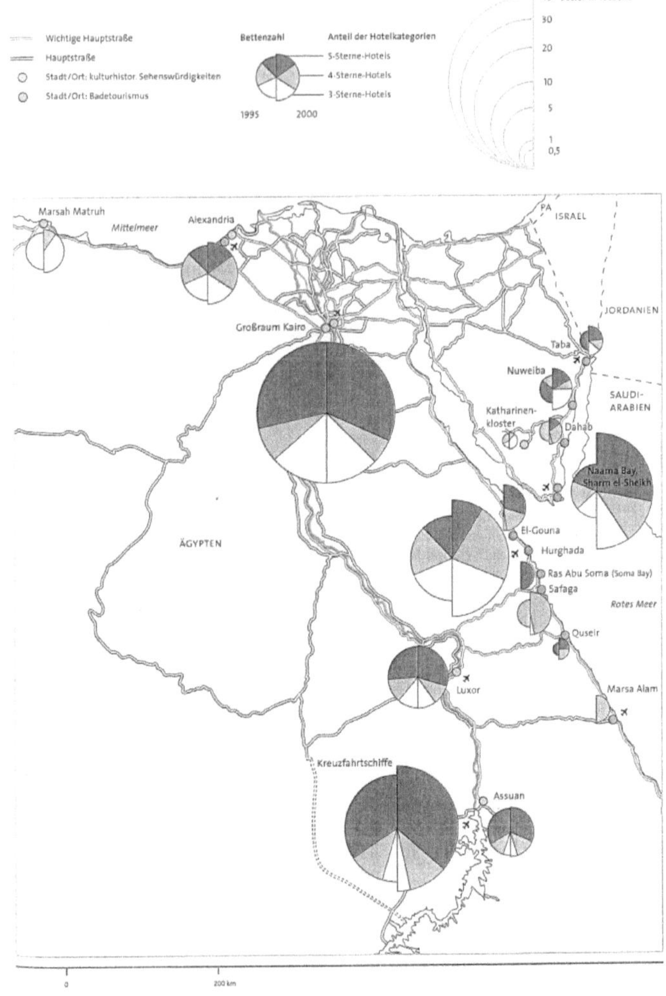

Abbildung 4 Beherbergungskapazitäten in ausgewählten Orten Ägyptens 1995 und 2000

(Steiner, 2004, 371)

Alleine Luxor und Hurghada zusammen weisen bereits eine größere Kapazität an Übernachtungsmöglichkeiten auf als der gesamte Sinai. Es ist klar erkennbar, dass die Nachfrage im Südsinai im Vergleich zu anderen Regionen in Ägypten sehr hoch ist.

Für Touristen aus dem westlichen Europa sind die klimatischen Gunstfaktoren des Sinai, wie zum Beispiel die ganzjährige Wassertemperaturen von über 20° Celsius sowie das warme und trockene Klima besonders attraktiv. Hinzu kommen die relativ geringe Flugzeit von durchschnittlich etwa nur vier Stunden und die Tatsache, dass der Sinai, abgesehen von den Kanarischen Inseln, die einzige Destination für den europäischen Tourismusmarkt stellt, in welcher ganzjährig Badewetter herrscht. (Steiner, 1996, 369) Die Region erreicht während der Sommermonate Temperaturen von über 40° Celsius, weswegen Ägypten eine starke Saisonalität aufweist, da viele Gäste aus den westlichen Ländern ausbleiben. Wie Abbildung 5 zeigt wird dieses Sommerloch jedoch von den arabischen Touristen aufgefangen, so dass die Hotelanalgen im Sinai ganzjährig in Betrieb und voll ausgelastet sind.

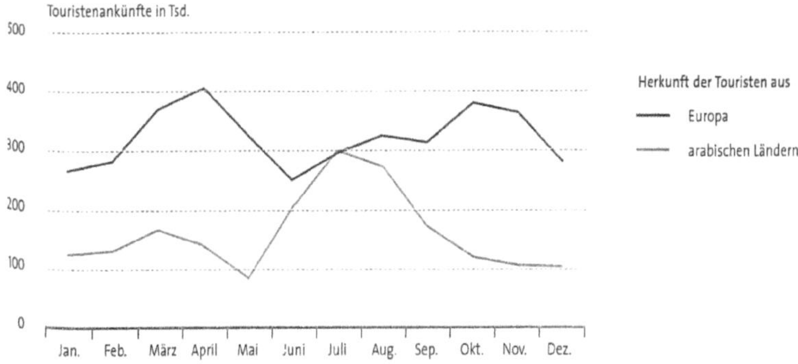

Abbildung 5 Saisonale Schwankung der Ankünfte von europäischen und arabischen Touristen 2000

(Steiner, 2004,369)

Während die arabischen Gäste ihren Urlaub hauptsächlich als reinen Badeurlaub verbringen, unterscheidet sich die Nutzung des Sinai bei den Gästen aus den westlichen Industrieländern sowie seit kurzem, aber dafür extrem intensiv, auch Russland.

Besonders für Wassersportler, Sporttaucher, Wind- und Kitesurfer spielt der Sinai eine wichtige Rolle. Individualtouristen, Kulturreisende oder Trekkingurlauber werden statistisch meist zu den Badegästen gezählt.

Interessant bei der Unterscheidung der Wassersportler ist besonders die lokale Ansammlung einzelner Sportarten. So bevorzugen Taucher meist die Korallenriffe bei Sharm el Sheik im Ras Mohammed Nationalpark, während Dahab im Golf von Aquaba besonders bei Wind- und Kitesurfern beliebt ist. Dies kommt daher, dass es nur wenige Tage im Jahr mit Windstärken von weniger als 4 Beaufort gibt, womit das Surfrevier als windsicher gilt und von Surfern stark frequentiert ist. Das zeigt auch die Windstatistik eines Surfreisenanbieters die in Abbildung 6 zu sehen ist.

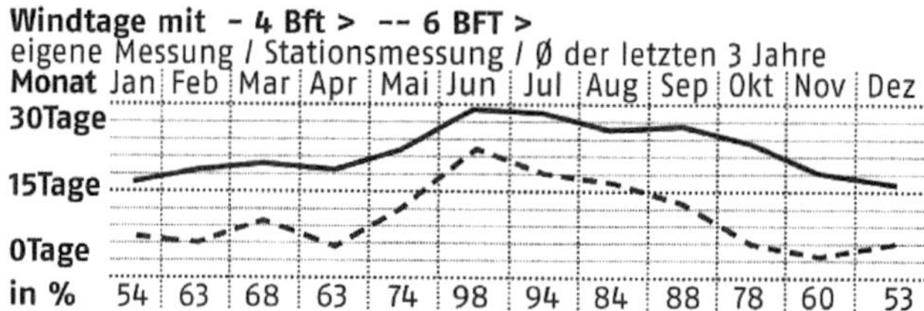

Abbildung 6 Windtage in Prozent und deren jährliche Verteilung

(www.happy-surf.de/Katalog.html letzter Zugriff am 14.07.2010)

Diese Windsicherheit lässt sich auf das Land-See-Windsystem, welches in Abbildung 7 zu sehen ist, und die hohen Temperaturen untertags zurückführen.

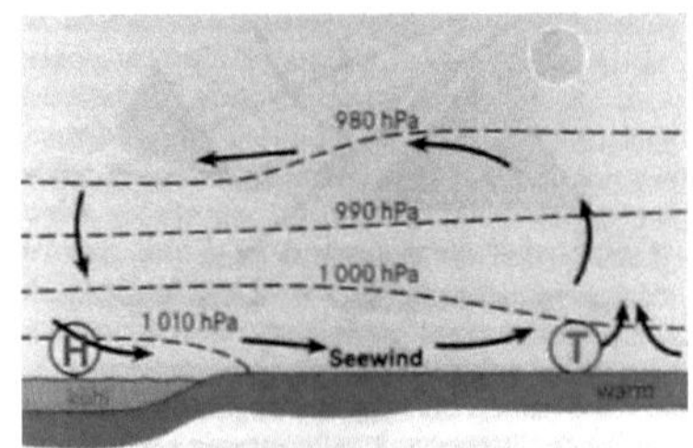

Abbildung 7 Land-See-Windsystem

(Gebhardt et al., 2007, 231)

Hierbei erwärmt sich die Landmasse und somit die bodennahe Luft auf Grund der hohen Temperaturen untertags stark und es entsteht ein thermisches Tiefdruckgebiet, welches durch eine auflandige Windbewegung vom Meer her ausgeglichen wird. (Gebhardt, 2006, 231) Da nun der Strand von Dahab wie in Abbildung 8 zu erkennen ist, einen Haken formt, kommt der Wind hier nicht auflandig sondern *sideshore*, das heißt fast parallel zum Strand, womit für Windsurfer ideale Bedingungen herrschen.

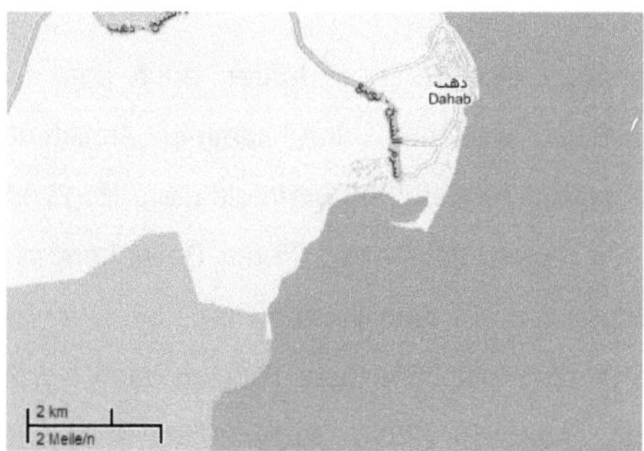

Abbildung 8 Küstenform am Surfspot Dahab

(www.googlemaps.com Letzter Zugriff 14.07.2010)

Für Kultur- und Trekkingtourismus ist besonders die Wüste des Sinai interessant. Berge und Wüsten werden von Trekkingtouristen mit Jeeps oder Kamelen erkundet und an geeigneten Orten wird zum Wandern oder Klettern gehalten. Da diese Art des Tourismus zum größten Teil dem Individualtourismus angehört, können keine Aussagen über die Ausdehnung und Besucherzahlen gemacht werden.

Kulturtouristen werden, wie eingangs schon erwähnt, zu den Badetouristen gezählt. Für sie von besonderem Interesse ist auf der Sinai Halbinsel das Katharinen – Kloster und der Berg Sinai, auf Grund seiner biblischen Relevanz auch Mosesberg genannt.

Das auf 1.500 Metern Meereshöhe gelegene Katharinen – Kloster wurde etwa 527 vom byzantinischen Kaiser Justinian dem I. am Fuße des Berg

Siani gegründet. An der Stelle, an welcher gemäß der Überlieferung Moses von Gott in Form eines brennenden Dornbusches dessen Namen erfahren haben soll. Heute wird das Kloster noch als griechisch Orthodoxes Kloster genutzt und jährlich von etwa 55.000 Touristen besucht. (Britannica 2010, Saint Catherine´s , 2010) Der Mosesberg selbst ist 2.285 Meter hoch und zieht religiöse Pilger, besonders gläubige Juden, an. Viele Urlauber nutzen den Aufenthalt im Sinai um dem Sonnenaufgang auf dem Mosesberg zu sehen. (Britannica 2010, Mount Sinai, 2010)

Wie bereits angesprochen dringen seit wenigen Jahren auch sehr viele Besucher aus Russland in den Sinai. Aus Deutschland kommen jährlich etwa 1,2 Millionen Besucher nach Ägypten, wobei 2008 erstmals mehr Engländer, 1,36 Millionen Besucher, vor Ort waren. Italien liegt in der Besucherstatistik mit rund 1 Millionen Besucher jährlich auf dem vierten Platz. Mit Über zwei Millionen Besuchern kommen jährlich fast 75% mehr Russen nach Ägypten als Deutsche oder Engländer. (Augustin, 2010, Auswärtiges Amt) Diese Massenbesuche bringen allerdings nicht nur Devisen, sondern auch Probleme mit sich.

3. Probleme des Massentourismus

Obwohl die Korallenriffe, besonders im Ras Mohammed Nationalpark bei Sharm el Sheik, noch als Eldorado für Sporttaucher gelten und oft als „die besten Tauchgründe Ägyptens, wenn nicht in der Welt" (Ibrahim, 1996, 145) bezeichnet werden, ist der Tourismus nicht spurenlos daran vorbei gegangen. Auch die Landschaft leidet zusehends unter der intensiven touristischen Nutzung. So wurden beispielsweise in Masbat, dem Beduinendorf bei Dahab, die gesamte Strandpromenade mit Restaurants und Souvenirläden zugebaut. Abgesehen vom landschaftlich fragwürdigem Aussehen, wurde hierbei auch das Wadi Dahab fast komplett blockiert. Bei starken Regenfällen sind Überflutungen und der Existenzverlust vieler

Bewohner fast sicher. Zudem würde es bei einer Überschwemmung zu einer straken Verschmutzung des Meeres kommen, da mehrere hunderte Tonnen Müll der Hotelanalgen, offen im Bett des Wadi Dahab gelagert werden und somit einfach ins Meer geschwemmt würden. Abgesehen von diesem worst-case Szenario wird aber bereits täglich eine beträchtliche Menge an leichtem Abfall, besonders Plastiktüten, in die Wüste geblasen oder verfangen sich in den entlang der Wüste aufgestellten Drahtzäunen. (Meyer, 1996, 587)

Ebenso bedenklich wie die Müllentsorgung ist der Umgang der Touristen, aber auch der Hotelbetreiber, mit der Ressource Wasser. Touristen bewegen sich meist in einer für sie künstlich geschaffenen Oase und verhalten sich dementsprechend, obwohl der Sinai, wie Abbildung 9 zeigt in einer hyperariden Vollwüste befindet. (Ibrahim, 1996, 143)

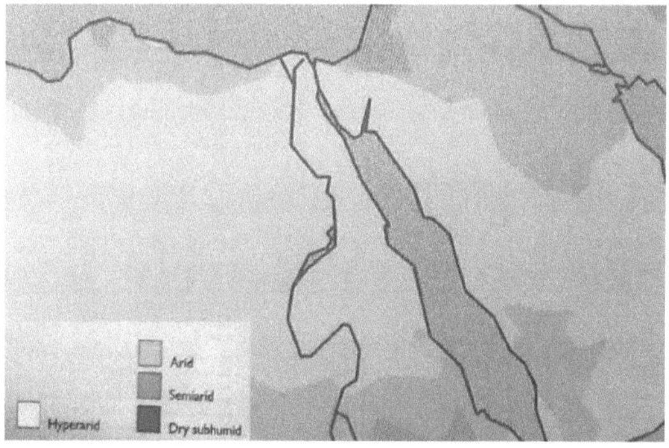

Abbildung 9 Ariditätszonen in und um Ägypten

(Middleton und Thomas, 1997, 6)

Der durchschnittliche Jahresniederschlag liegt in dieser Region, wie Abbildung 10 zu entnehmen ist, bei weniger als 100mm, die durchschnittliche potentielle Jahresevapotranspiration, in Abbildung 11 zu erkennen, allerdings zwischen 1.200 und 1.600 mm. (Middelton und Thomas, 1997, 2-4) Hinzu kommt die Tatsache, dass für jeder Tourist täglich etwa sechs bis sieben Mal so viel Wasser benötigt wie ein Einheimischer. Diese Menge kommt aus der Summe von Wasser zur Lebensmittelherstellung, zur Wässerung der

Grünanlagen und dem tatsächlichen Wasserverbrauch zustande. (Graßhoff, 2009,ZDF)

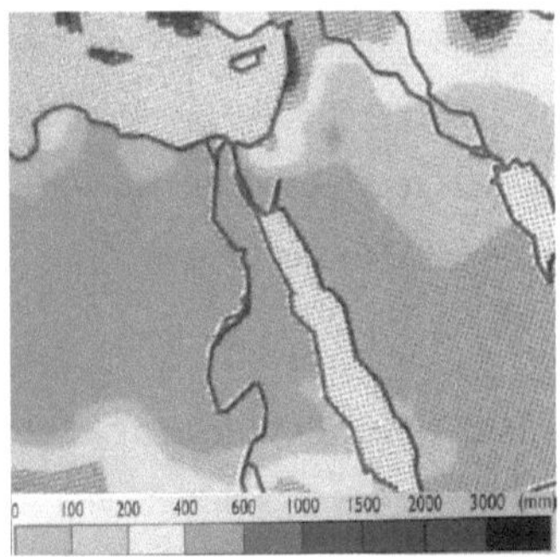

Abbildung 10 Durchschnittlicher Jahres-niederschlag

(Middleton und Thomas, 1997, 2)

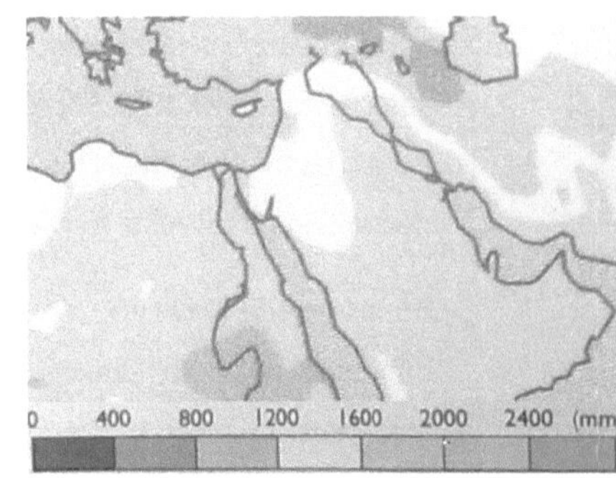

Abbildung 11 Durchschnittliche potentielle Evapotranspiration

(Middleton und Thomas, 1997, 4)

Dieser enorme Wasserbedarf wird fast ausschließlich durch Wasser aus dem Niltal gedeckt, welches über mehrere hunderte Kilometer lange Pipelines gepumpt wird. (Ibrahim, 1996, 143)

Ein besonders großes Problem stellt, abgesehen von den natürlichen Faktoren, die Gebundenheit an internationale Reiseanbieter dar. Zwar wurden durch die Entstehung des Tourismus im Sinai sehr viele, relativ sichere und anhaltende Arbeitsplätze für die Bewohner des Niltals geschaffen, dennoch ist durch die Bindung an profitorientierte Unternehmen auch ein hohes Risiko gebunden. Sollten sich nämlich beispielsweise Fluganbieter oder Reiseunternehmen entschließen den Flughafen Sharm el-Sheik nicht mehr anzufliegen, würde das die Hotelbtreiber in den finanziellen Ruin und die Angestellten in die Arbeitslosigkeit treiben.

Ein solches Szenario ist vor dem Hintergrund der ständigen politischen Unruhen im Nahen Osten und besonders auch dem internationalen Terrorismus nicht ganz ausgeschlossen. (Steiner, 2004, 373)

16

4. Auswirkungen von politischen Unruhen und Terror auf den Tourismus

Wie unter 1. bereits angesprochen, steigt und fällt die Zahl der Besucher im Sinai und ganz Ägypten mit den politischen Unruhen der Region. Besonders Besucher aus den westlichen Industrieländern reagieren sensibel und ändern oft ihre Destination. Allerdings ist es hierbei unerheblich, ob etwaige Terroranschläge oder Kriege im Urlaubsgebiet selbst oder nur in der Nähe stattgefunden haben. So hat beispielsweise der Irak-Kuweit-Krieg zwischen 1990 und 1991 einen Besucherrückgang in Gesamtägypten von rund 800.000 Besuchern, damals etwa 28,5%, verursacht, wie Abbildung 12 zeigt. (Steiner, 2004, 370)

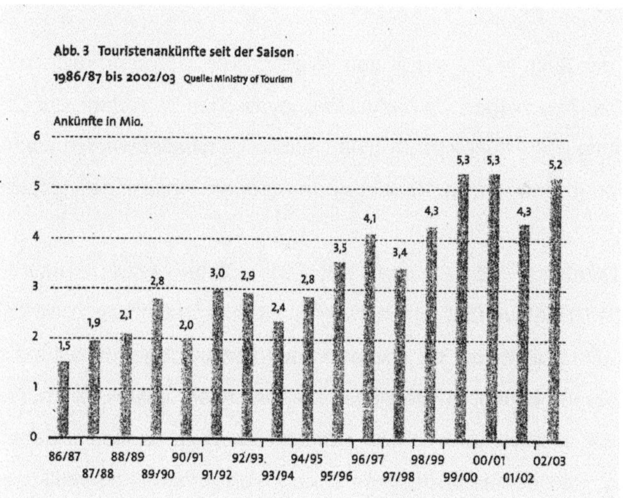

Abbildung 12 Touristenankünfte seit der Saison 19986/87 bis 2002/03

(Steiner, 2004, 370)

Dieser „Nachbarschaftseffekt" (Steiner, 2004, 372) tritt ebenfalls nach Ereignissen auf, die noch viel weiter von der Urlaubsdestination entfernt sind. So kamen etwa in der Saison 2001/2002, nach dem Fall der *Twin Towers* am 11. September 2001, rund eine Millionen Besucher weniger nach Ägypten, als noch in der Vorsaison. Dies entspricht etwa einem prozentualem Defizit von 19%, wobei hier lediglich von gleichbleibenden Besucherzahlen zwischen den beiden Saisonen ausgegangen wird, und der deutlich erkennbare Aufwärtstrend der vergangenen Jahre nicht berücksichtigt wurde, wie ebenfalls in Abbildung 12 zu erkennen ist. Steiner spricht sogar davon, dass kurz nach den Anschlägen um den 11. September die Ankünfte „kurzfristig sogar um über 50%" (Steiner, 2004, 372) zurückgegangen sind, wodurch die Stagnation der Besucherzahlen von 1999/2000 auf 2000/2001 zu erklären ist.

Rechnet man diesen Rückgang der Besucherzahlen nun auf den Sinai um, so kann man sagen, dass 2001/2002, bei einer Ausgangszahl von 2,6 Millionen Besuchern im Jahr 2000, rund 500.000 Touristen weniger in den Sinai kamen. (Steiner, 2004, 372)

Aber auch der Sinai selbst war in den vergangenen Jahren oft das Ziel von terroristischen Anschlägen, da hiermit der ägyptischen Wirtschaft, auf Grund der Bedeutung des Tourismus im Sinai, massiv geschadet werden kann. Im Sinai können in den letzten 10 Jahren drei größere Anschläge verzeichnet werden.

Am 7. Oktober 2004 wurde auf das Taba Hilton Hotel ein Sprengstoffanschlag verübt. Ein Lastwagen mit Sprengstoff fuhr in die Lobby des Hotels und brachte mit der Explosion den zehnstöckigen Hoteltrakt zum Einsturz. Hierbei kamen 31 Menschen um ihr Leben, davon 12 Touristen, und über 100 wurden teils schwer verletzt. Da Taba an der israelischen Grenze liegt und demnach besonders stark von Israelis frequentiert wird, geht die ägyptische Regierung davon aus, dass es sich bei den Terroristen um palästinensische Fundamentalisten handelte. (Aschauer, 2008, 277) Da es sich bei den 12 getöteten Touristen, wie schon angesprochen, um neun Israelis, zwei Italiener und einen Russen handelte, so ist der in Abbildung 13 zu erkennende Rückgang ebendieser Nationen nicht verwunderlich.

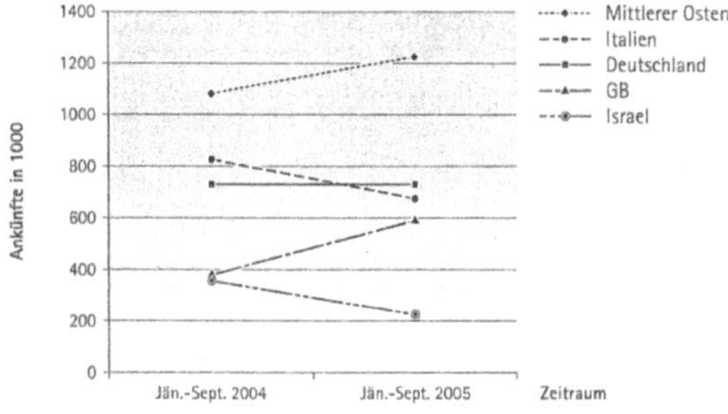

Abbildung 13 Ankünfte aus ausgewählten Ländern und Regionen zwischen Januar und September 2004 und 2005

(Aschauer, 208, 286)

Kamen 2004 noch etwa 380.000 Israelische Besucher, waren es 2005 nur noch etwas mehr als 200.000. Ähnliches kann anhand der Abbildung auch von den Reisenden aus Italien gesagt werden (Aschauer, 2008, 286).

Weitere Anschläge im Sinai fanden am 23. Juli 2005 in Sharm el-Sheik und am 24. April 2006 in Dahab statt. Bei dem Attentat 2005 kamen 88 Menschen ums Leben und 2006 waren es 23. Somit liegt die totale Anzahl an Terroropfern im Sinai bei 142. Der Effekt all dieser Anschläge kann in Abbildung 14 nochmal deutlich gesehen werden (Aschauer, 2008, 277–279).

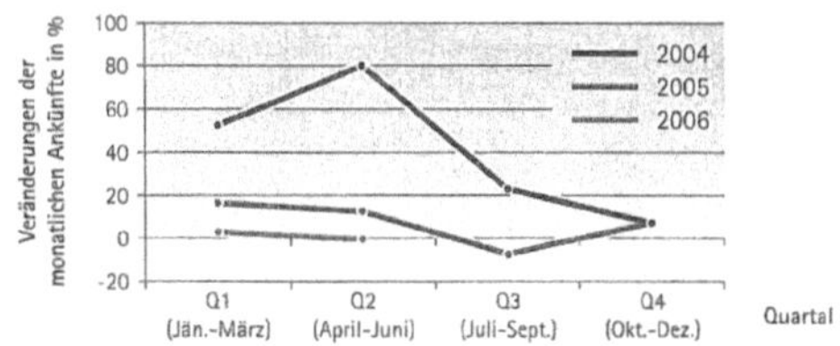

Abbildung 14 Veränderung der touristischen Ankünfte pro Quartal 2004 – 2006

(Aschauer, 2008, 285)

Für 2004 kann ein klarer Abfall nach den Anschlägen vom April konstatiert werden. Ähnlich verhält es sich mit den Jahren 2005 und 2006, wobei jeweils im Quartal der Anschläge die Besucherzahlen zu sinken beginnen (Aschauer, 2008, 285).

5. Fazit

Zusammenfassend kann man sagen, dass der Tourismus im Sinai eine gute Alternative zum Kulturtourismus im Niltal bildet und eine wichtige Rolle für die Wirtschaft Ägyptens darstellt. Der Fremdenverkehr ist in Ägypten und im Sinai zwar von politischen Unruhen und Terroranschlägen beeinflusst, scheint allerdings auch sehr widerstandsfähig zu sein, was man daran erkennen kann, dass die Zahl der Touristen über die letzten fünf Jahre um etwa 50% gewachsen ist, wie der DRV mitteilt und in Abbildung 15 gesehen werden kann.

<u>Besucherentwicklung Deutschland</u>	<u>Besucherentwicklung international</u>
2005 – 979.631	2005 – 8.607.807
2006 – 966.386	2006 – 9.662.047
2007 – 1.086.000	2007 – 11.091.000
2008 – 1.200.000	2008 – 12.835.000
2009 – 1.200.000	2009 – 12.800.000

Abbildung 15 Entwicklung der Besucherzahlen aus Deutschland und international

(DRV)

Bibliographie:

Aschauer, W. 2008. *Tourismus im Schatten des Terrors – eine vergleichende Analyse der Auswirkungen von Terroranschlägen (Bali, Sinai, Spanien)*, München, Profil Verlag.

Enzyclopaedia Britannica (2010)

Ibrahim, F. N.1996. *Ägypten – eine geographische Landeskunde*, Darmstadt, Wissenschaftliche Buchgesellschaft.

Gebhardt H. et al. 2007. *Geographie – Physische Geographie und Humangeographie*, Heidelberg, Spektrum Akademischer Verlag Heidelberg.

Luger, K. Baumgartner, C. et al. 2004. *Tourismus und Terrorismus in Ägypten – Die Entwicklung in der letzten Dekade des 20. Jahrhunderts* in *Ferntourismus wohin? Der globale Tourismus erobert die Welt*, Innsbruck, Studien Verlag.

Meyer, G. 1996. *Tourismus in Ägypten - Entwicklung und Perspektiven im Schatten der Nahostpolitik* in Geographische Rundschau Band 48, Heft 10 Seiten 582 – 588.

Middleton N. und David T. 1997. *World Atlas of Desertifikation*, London, Arnold Verlag.

Sarnowski von, A. 2004. *Tourismusentwicklung im Südsinai* in *Die Arabische Welt im Spiegel der Kulturgeographie*, Seiten 376 – 382, Mainz, Geograph. Institut der Universität Mainz.

Steiner, C. 2004. *Tourismus in Ägypten – Entwicklungsperspektiven zwischen Globalisierung und politischem Risiko* in *Die Arabische Welt im Spiegel der Kulturgeographie*, Seiten 369 – 375, Mainz, Geograph. Institut der Universität Mainz.

Deutscher Reiseverband (DRV) E-Mailanfrage von Herrn Philip Eichkorn (Arabella Reisen Ismaning) an Olaf Collet (DRV)

http://www.auswaertiges-amt.de/diplo/de/Laenderinformationen/Aegypten/Wirtschaft.html

Augustin D. 2010. Auswärtiges Amt – Ägypten. Letzter Zugriff 20.07.2010

http://reporter.zdf.de/ZDFde/inhalt/25/0,1872,7560249,00.html

Graßhoff A. 2009. ZDF. Letzter Zugriff 12.07.2010

www.googlemaps.com Letzter Zugriff 14.07.2010

www.happy-surf.de/Katalog.html Letzter Zugriff 14.07.2010